I0901154

La boca más hambrienta del mar

Por Peter Walters

Lejos desde el norte, una isla puede ser encontrada. Fluyen alrededor del mundo los mares de agua salada.

¿Pero, quién tiene la boca más hambrienta en el mar del sur?

Sobre el mar, una nube de plancton va a la deriva con la marea flotando, y de sol se está empapando.

¡Pero mira! En los mares del sur,
una boca más hambrienta. ¿Quién
dirías tú que la lista encabeza?

¿Tal vez sea, un caballo de mar con una barriga grande, o una medusa luna y sus tentáculos colgantes?

No, no, no, no es nada que se le pueda parecer. Es alguien más en este hábitat. ¿Pero, quién puede ser?

¡Es un camarón antártico rosado, cazando en el mar! Surgiendo desde lo profundo, un cardúmen de camarones pataleando se mueven como si fuera uno solo con incuestionable habilidad.

¡Pero mira! En los mares del sur, una boca más hambrienta. ¿Quién dirías tú que la lista encabeza?

¿Tal vez sea, un petrel que desde los cielos va a saltar o tal vez de enormes ojos, un calamar?

No, no, no, no es nada que se le pueda parecer. Es alguien más en este hábitat. ¿Pero, quién puede ser?

¡En el mar, un bacalao azul está cazando! A través de la gigante alga marina, nada un cardumen de bacalao—un bosque bajo el agua, ¡es tan extraño!

¡Pero mira! En los mares del sur,
una boca más hambrienta. ¿Quién
dirías tú que la lista encabeza?

¿Tal vez sea, un pez espada asestando
un golpe a su presa, o la mantarraya
cola larga de espina venenosa?

No, no, no, no es nada que se le pueda parecer. Es alguien más en este hábitat. ¿Pero, quién puede ser?

¡Es un pingüino de ojos amarillos, cazando en el mar! Debajo de las rocas a bucear, un montón de pingüinos emplumados se deslizan con alas de aves en vez de aletas de pescados.

¡Pero mira! En los mares del sur, una boca más hambrienta. ¿Quién dirías tú que la lista encabeza?

¿Tal vez sea, un barracuda con piel plateada o tal vez, la máscara de un delfín de cabeza blanca?

No, no, no, no es nada que se le pueda parecer. Es alguien más en este hábitat. ¿Pero, quién puede ser?

¡Es una foca con pelaje café, cazando en el mar! Aleteando en el agua, una manada de focas peludas en la bahía se van a alimentar, con sus alimentos felices están.

¡Pero mira! En los mares del sur,
una boca más hambrienta. ¿Quién
dirías tú que la lista encabeza?

¿Tal vez sea, con cientos de dientes, un gran tiburón blanco o tal vez, un cachalote de las frías aguas en lo más profundo?

No, no, no, no es nada que se le pueda parecer. Es alguien más en este hábitat. ¿Pero, quién puede ser?

¡Es una orca blanco y negro, cazando en el mar! Trabajando en equipo, con su cerebro de mamífero, esta boca hambrienta es el primer lugar!

Saltando en el mar, una orca impresionante
trae con un salpicón, un final para este
cuento tan simpaticón.

Para las mentes creativas

La sección educativa "Para las mentes creativas" puede ser fotocopiada o impresa de nuestra página del Web por el propietario de este libro para usos educacionales o no comerciales. "Actividades educativas" extra curriculares, pruebas interactivas, e información adicional están disponibles en línea. Visite www.ArbordalePublishing.com y haga clic en la portada del libro y encontrará todos los materiales adicionales.

Mamíferos Marinos

Un **mamífero** es un animal que tiene una espina dorsal, es de sangre caliente, respira aire, tiene pelaje, y produce leche para alimentar a sus crías. Un **mamífero marino** es un mamífero que pasa la mayoría o toda su vida en el océano. Los mamíferos marinos viven en todo el mundo. Los mapas en el inferior de la página muestran el rango en color amarillo para cada uno de los cuatro mamíferos marinos en este libro.

Las focas de Nueva Zelanda también son llamadas kekeno. Son animales **en peligro de extinción**. Esto significa que, si la gente no los ayuda, pueden desaparecer para siempre (**extintos**). Los kekenos pueden pesar hasta 330 libras (150 kg). *¿Cuánto pesas tú? ¿Qué tan pesado o liviano es un kekeno comparado contigo?*

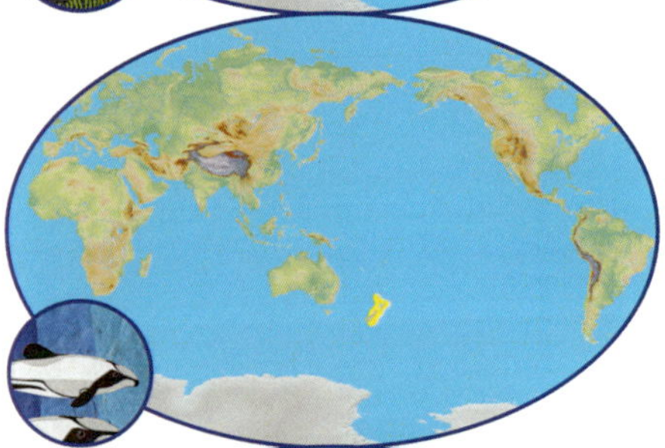

Los delfines Hector o delfines de cabeza blanca también están en peligro de extinción. Quedan únicamente 7,000 en el mundo. Los delfines Hector son la especie de delfines más pequeños del mundo. Ellos sólo crecen hasta 5 pies, 3 pulgadas (1.6m) de largo. *¿Cuánto mides? ¿Es el delfín Hector o de cabeza blanca más largo o más corto de lo que tú mides? ¿Qué tanto?*

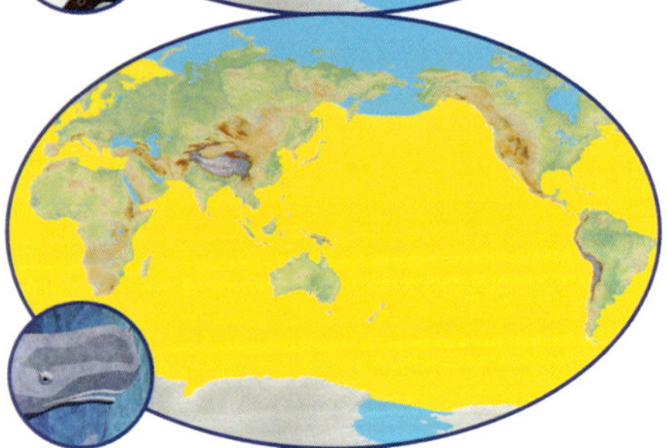

Los cachalotes crecen hasta 60 pies (18 m) de largo - ¡más grandes que un autobús escolar! Cuando están buscando comida en la profundidad del agua, los cachalotes pueden contener su respiración hasta por 90 minutos. *¿Por cuánto tiempo puedes aguantar tú respiración? ¿Por cuánto tiempo puede un cachalote aguantar su respiración comparada con la tuya?*

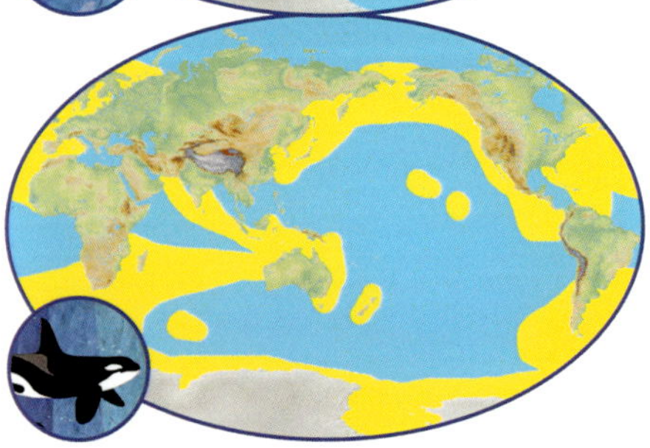

Las orcas, también conocidas como ballenas asesinas, viven en grupos llamados **vainas**. Un solo grupo de ballenas nómadas puede contar con 40 ballenas. Las orcas utilizan el trabajo en equipo para cazar con su grupo y así, obtener grandes presas. Las orcas adultas comen 375 libras (170 kg) de comida cada día. *Los humanos comen un promedio de 5 libras (2.25 kg) de alimentos por día. ¿Cuántos días tardaría para que una persona comiera tanto como lo hace una orca en un día?*

Emparejar depredadores y presas

Un **depredador** es un animal que caza otros animales para comérselos. A los animales que los depredadores se comen se llaman **presas**. Muchos animales pueden ser tanto depredador como presa. Empareja cada presa en la parte superior de la página a su hambriento depredador al final de la página.

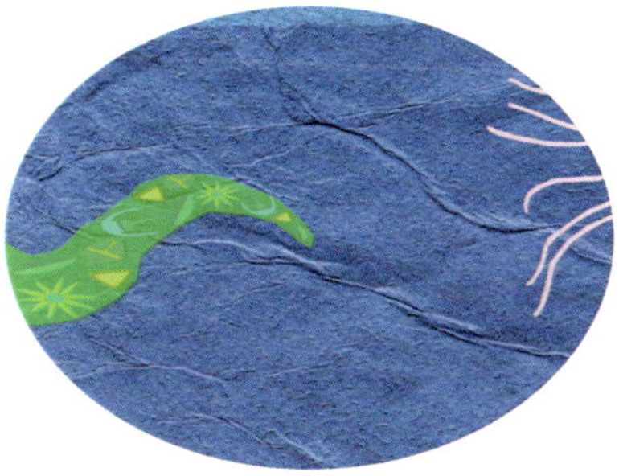

1. fitoplancton

2. pingüino de ojos amarillos

3. bacalao azul

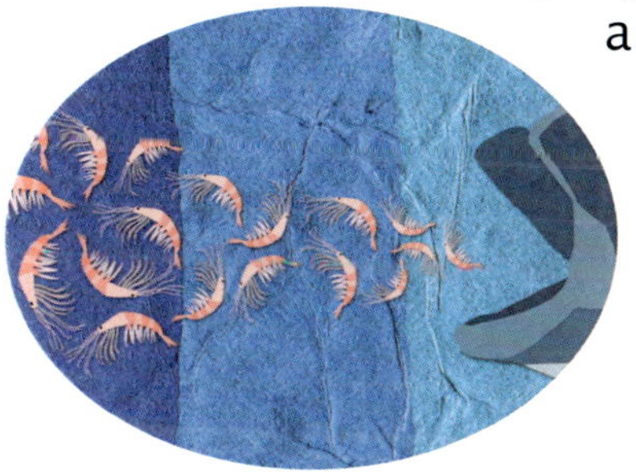

4. camarón antártico

5. foca de Nueva Zelanda

A. pingüino de ojos amarillos

B. bacalao azul

C. camarón antártico

D. foca de Nueva Zelanda

E. orca

Respuestas: 1-C. 2-D. 3-A. 4-B. 5-E.

Tarjetas de la red trófica

Copia o descarga esta página y recorta las tarjetas de la red trófica. Utilizando la información en este libro y en la tarjeta, pon en un montón cada tarjeta de "depredador" sobre la tarjeta de su "presa" (depredadores comen las presas). ¿Cuántas tarjetas puedes amontonar?

El Sol

Proveé energía para el fitoplancton y para que crezcan otras plantas.

(última carta bocabajo)

Fitoplancton

Presa: toma su energía del sol

Depredadores: camarón antártico

Camarón antártico

Presa: fitoplancton

Depredadores: medusa, ave de mar, pez pequeño, calamar, mantarraya

Medusa

Presa: camarón antártico

Depredadores: pez grande, pez pequeño, ave de mar

Mantarraya

Presas: camarón antártico

Depredadores: tiburón

Pez pequeño

Presa: camarón antártico, calamar, medusa

Depredadores: pez grande, pingüino, ave de mar, foca, tiburón, calamar

Ave de mar

Presa: medusa, camarón antártico, pez pequeño, calamar

Depredadores: orca, tiburón

Calamar

Presa: camarón antártico, pez pequeño

Depredadores: orca, pez grande, pingüino, ave de mar, foca, pez pequeño

Pingüino

Presas: pez pequeño, calamar

Depredadores: orca, foca, tiburón

Pez grande

Presas: medusa, pez pequeño, calamar

Depredadores: orca, foca, tiburón

Foca

Presa: pez grande, pingüinos, pez pequeño, calamar

Depredadores: orca, tiburón

Tiburón

Presa: pez grande, pingüino, ave de mar, foca, pez pequeño, mantarraya

Depredadores: orca

Orca

Presas: pez grande, pingüino, ave de mar, foca, tiburón, calamar

Depredadores: ninguno

Un animal que no tiene depredadores naturales se le llama un superdepredador o **depredador alfa**. ¿Hay un superdepredador aquí que siempre está en la cima de tu montón o al principio de la red trófica?

Juegos de la boca más hambrienta

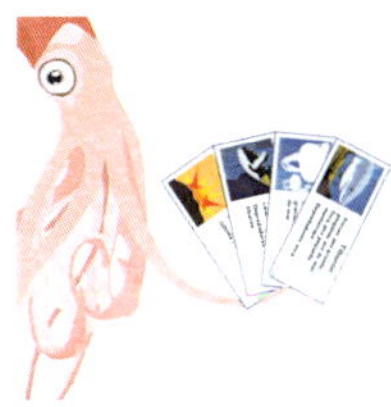

Copia y recorta las cartas de la red trófica.

Juego de cartas: Si hay de 2 a 3 jugadores, utiliza un set/juego de cartas. Si son de 4 a 6 jugadores, utiliza dos sets/juegos de cartas. Revuelve todas las cartas y reparte 4 a cada jugador. Coloca las cartas de más en una pila. Cuando te toque el turno, dile a el otro jugador, "Mi (depredador) se come a tu (presa)". Si él la tiene, él te la da y tu agregas la carta a tu mano, entonces será el turno del siguiente jugador. Si la persona a quien le pediste, no tiene la carta que solicitaste, él toma otra carta de la pila. El jugador que tenga más cartas en su mano, gana.

Formación en línea para Conga: Para grupos grandes, fotocopia varios sets para que todos tengan una carta. Cuélgate la carta en la camisa/blusa o póntela como si fuera un collar atada a un pedazo de listón. Encuentra tu presa y "cómetela". Cuando te hayas comido a alguien, se tendrán que poner detrás de ti y agarrarte de los hombros. Mientras más personas te comas, más grande será tu linea. Si alguien te come, entonces tú y cada uno en tu linea, se tendrá que formar en la otra linea. El ganador es el depredador que tenga la linea más larga.

Para Eliot—PW
Con agradecimiento a Jack Cover y Kate Rowe, General Curator y Media Relations Manager en el National Aquarium por verificar la información de este libro.

Library of Congress Cataloging-in-Publication Data

Walters, Peter, 1984- author.
[Hungriest mouth in the sea. Spanish]
La boca mas hambrienta del mar / por Peter Walters.
pages cm
Audience: Ages 4-8.
ISBN 978-1-62855-641-4 (spanish pbk.) -- ISBN 978-1-62855-651-3 (spanish downloadable ebook) -- ISBN 978-1-62855-661-2 (spanish interactive dual-language ebook) -- ISBN 978-1-62855-631-5 (english hardcover) -- ISBN 978-1-62855-636-0 (english pbk.) -- ISBN 978-1-62855-646-9 (english downloadable ebook) -- ISBN 978-1-62855-656-8 (english interactive dual-language ebook) 1. Marine animals--Food--Juvenile literature. 2. Food chains (Ecology)--Juvenile literature. 3. Predation (Biology)--Juvenile literature. I. Title.
QL122.2.W35518 2015
591.77--dc23
2015009003

Título original en Inglés: *The Hungriest Mouth in the Sea*
Traducido por Rosalyna Toth en colaboración con Federico Kaiser

Bibliografía:

New Zealand Department of Conservation. *Conservation*. Web. Accessed March 2015.
Te Ara - The Encyclopedia of New Zealand. Web. Accessed March 2015.
World Wildlife Fund New Zealand. Web. Accessed March 2015.
ARKive Wildlife Record. Web. Accessed March 2015.
Dingle, Hutchinson; Mckay; Schodde; Tait; and Vogt Cooke. *Encyclopedia of Animals: A Complete Visual Guide*. Weldon Owen, 2008. Print.

Derechos 2015 © por Peter Walters

La sección educativa "Para las mentes creativas" puede ser fotocopiada por el propietario de este libro y por los educadores para su uso en las aulas de clase.

Elaborado en los EE.UU.
Este producto se ajusta al CPSIA 2008

Arbordale Publishing
Mt. Pleasant, SC 29464
www.ArbordalePublishing.com